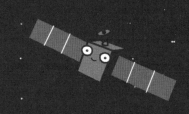

發射！邁向火星之旅

天文學入門班

卡洛斯·帕索斯　著／繪

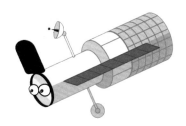

新雅文化事業有限公司
www.sunya.com.hk

你們好啊，未來的**太空**小天才！

我叫天娜，是一名**太空人**。這艘是我的太空船，叫**火箭小子**。

我們會一起出發到很遠的外太空旅行。

你也想跟我們一起展開這段不可思議的旅程吧？

外大氣層
海拔10,000公里

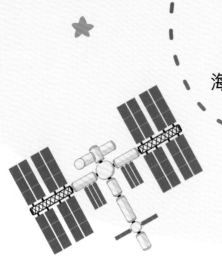

熱成層
海拔800公里

中間層
海拔90公里

太空在地球上空的100公里以外啊！

平流層
海拔50公里

臭氧層

我們要飛得很高很高，「比天空還要高」，才能夠穿越**大氣層**的。

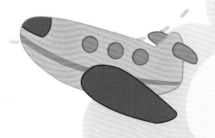

對流層
海拔20公里

可是，要飛得「比天高」可不是件容易的事。因為有種東西把我們牢牢地鎖在地上！

它就是**重力**，重力指兩個具有質量的物體之間互相吸引的作用。

為了令你更清楚地明白重力是什麼，你可以想像當你向上高飛時，就是這些小東西抓着我們的腿，把我們拉回到大地上。它們不想讓我們輕易飛走！

我們要乘坐**火箭**才能飛出太空，因為這些機器能飛得非常高、非常快。火箭也各有不同的大小和形狀。

為大家隆重介紹火箭小子的四個好朋友吧！

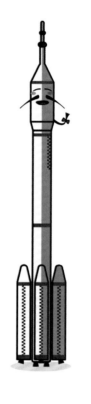

長征2號F型

中國

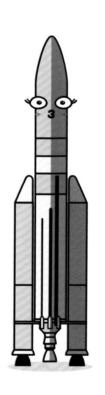

亞利安5號

歐洲

聯盟號

俄羅斯

土星5號

美國

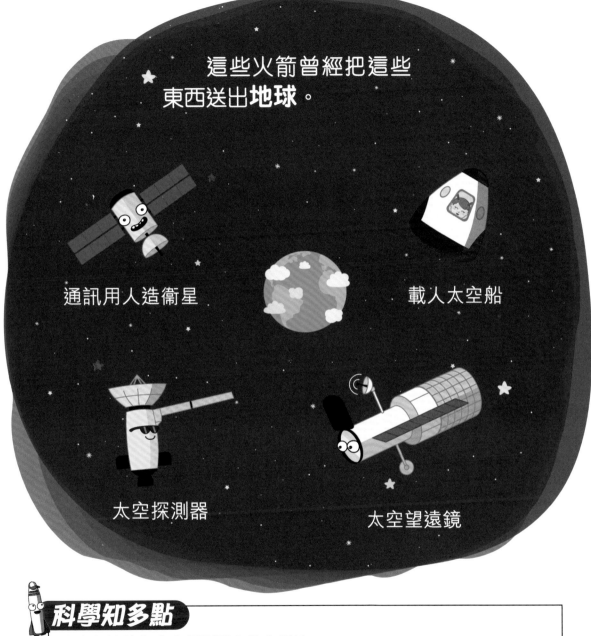

這些火箭曾經把這些東西送出**地球**。

通訊用人造衛星

載人太空船

太空探測器

太空望遠鏡

科學知多點

太空望遠鏡和太空探測器有什麼用途？

天文學家把太空望遠鏡置於地球的大氣層外，這樣就可不受干擾，得出更清晰和精確的數據和圖像。無人太空探測器會被送往外太空用來近距離觀測星體，例如航行者2號就曾航行到遠至海王星作觀測。

火箭一般分成不同**級數**，就是由好幾支小火箭組成一支大火箭。

它們分為一級、二級、三級以及多級火箭。

一級火箭

二級火箭

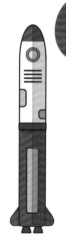

三級火箭

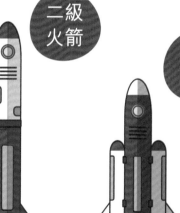

多級火箭
（超過三級）

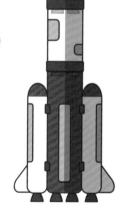

串聯式　　　　並聯式　　　　串並聯式

 科學知多點

串聯式、並聯式有什麼分別？
串聯式是把各級火箭的首尾相連，打直配置；並聯式又稱捆綁式，在主火箭周圍並排地配置助推器；串並聯式就是兩方式同時配置，下面使用並聯式、上面使用串聯式。

各級的火箭必須共同工作，才能飛得更遠，或把更重的東西帶上太空。

來吧，火箭小子！現在我們先準備**第一級火箭**，讓它帶我們升上太空吧！

嘩哈！

我們來製造**用液體推進**的第一級火箭吧！
以下是它的主要部件：

燃料箱

氧化劑箱

推進器

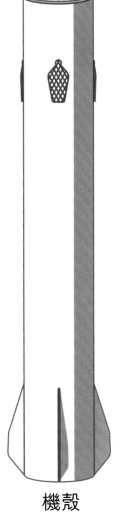

機殼

現在我們把燃料箱、氧化劑箱與推進器連接，再把它們都放進機殼裏。

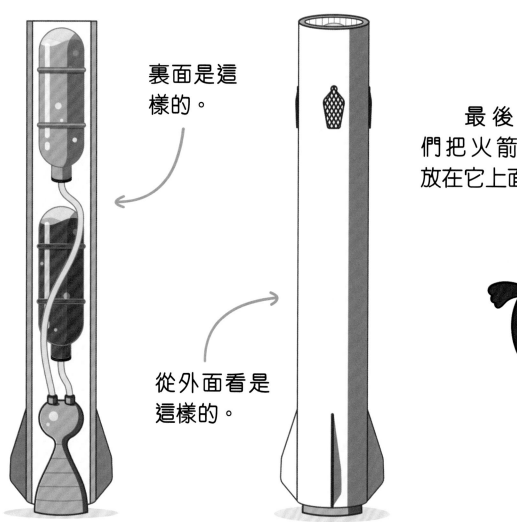

裏面是這樣的。

從外面看是這樣的。

最後，我們把火箭小子放在它上面。

哈哈，你現在
比美國的自由神像
還要高啊！

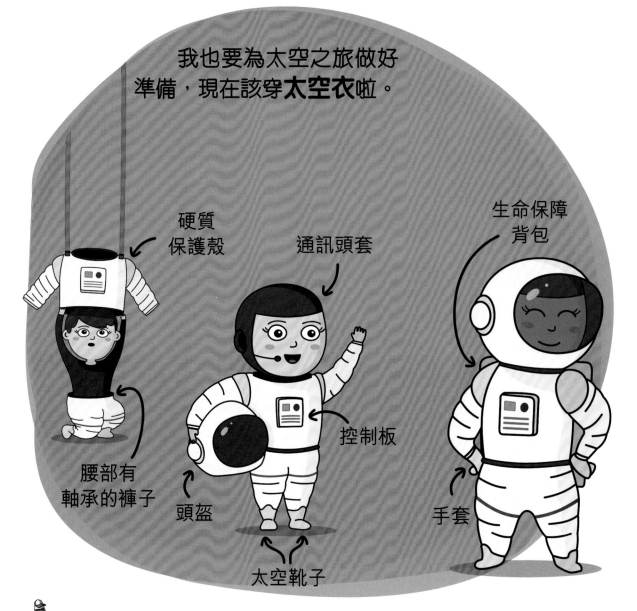

我也要為太空之旅做好準備,現在該穿**太空衣**啦。

硬質保護殼

通訊頭套

生命保障背包

控制板

腰部有軸承的褲子

頭盔

手套

太空靴子

科學知多點

生命保障背包有什麼用途?

這個背包用來保障太空人的生命安全,內藏氧氣瓶、二氧化碳過濾器、防止太空衣過熱的水箱等系統,讓太空人可以短暫離開太空船,在太空執行任務。

火箭小子，我準備好啦！我們一起衝天飛吧！

15

火箭小子，我已經走進艙裏了！

我們想起飛，就要先點火，啟動**推進器**。

我們啟動火箭推進器後，燃料和氧化劑會同時進入**燃燒室**。

← 燃燒室

← 噴管

加熱後，這裏的溫度變得很高，燃料混合和燃燒起來，會產生火焰從**噴管**向下噴出。

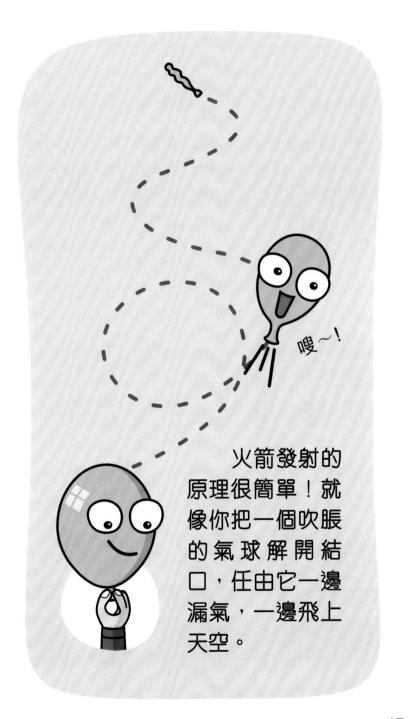

嗖～!

火箭發射的原理很簡單！就像你把一個吹脹的氣球解開結口，任由它一邊漏氣，一邊飛上天空。

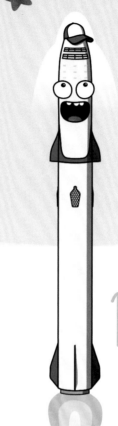

只要一直
有燃料，火箭就
能一直上升、再
上升！

高熱的氣體
從底部噴出。

三、二、一，起飛啦！

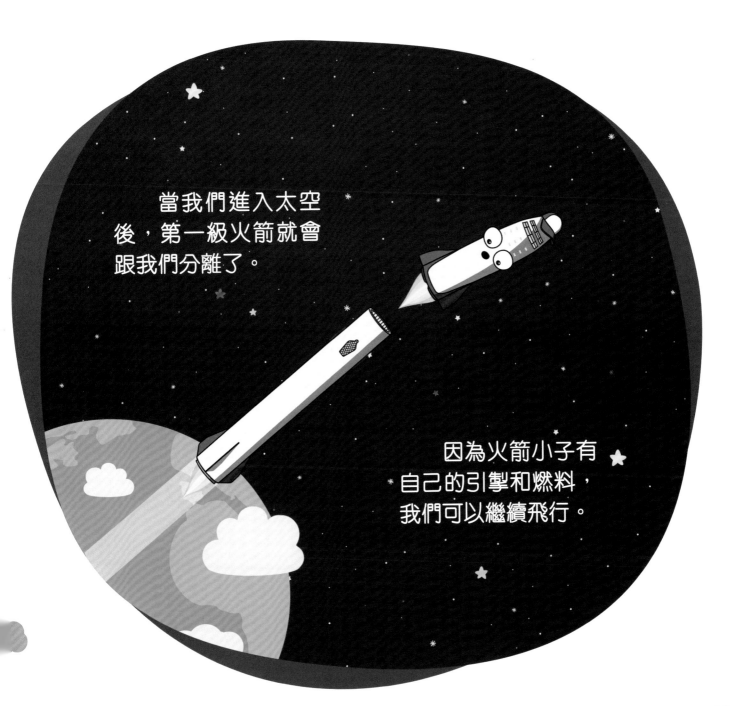

當我們進入太空後，第一級火箭就會跟我們分離了。

因為火箭小子有自己的引擎和燃料，我們可以繼續飛行。

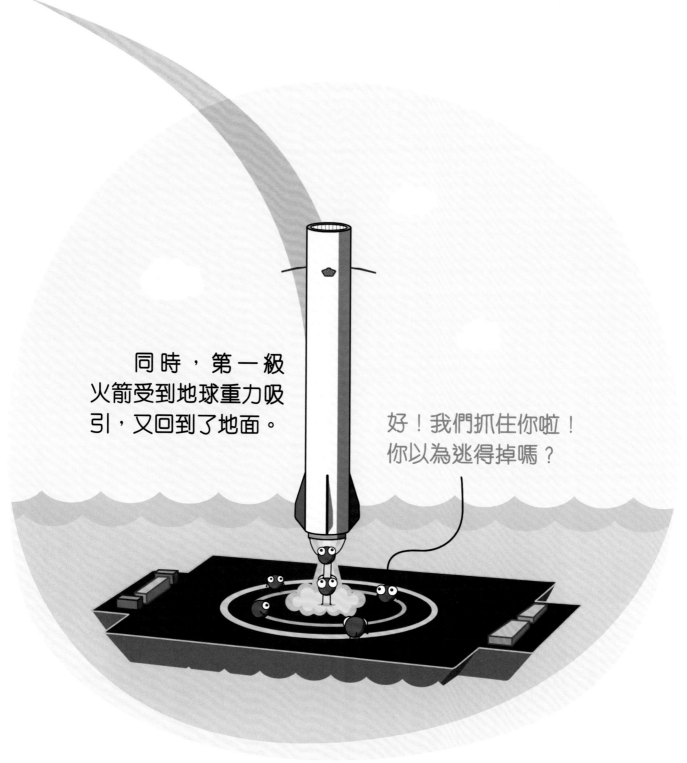

同時，第一級
火箭受到地球重力吸
引，又回到了地面。

好！我們抓住你啦！
你以為逃得掉嗎？

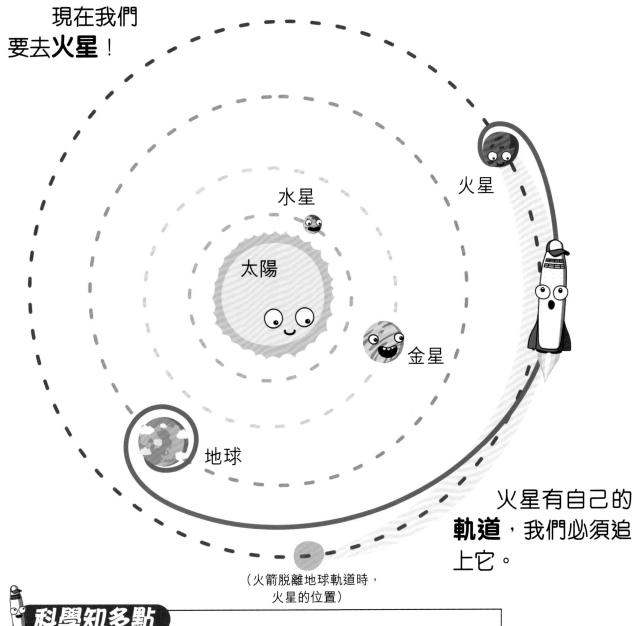

現在我們
要去**火星**！

水星

太陽

金星

地球

火星

火星有自己的
軌道，我們必須追
上它。

（火箭脫離地球軌道時，
火星的位置）

科學知多點

火箭怎樣可以追上火星的軌道？
當火箭發射到大氣層外，仍會受到地球重力的影響而保持在地球軌
道上。所以火箭在圍繞地球運行時，必須不斷加速，速度超過地球
的吸力，才可以脫離地球軌道，飛向外太空並追上火星的軌道。

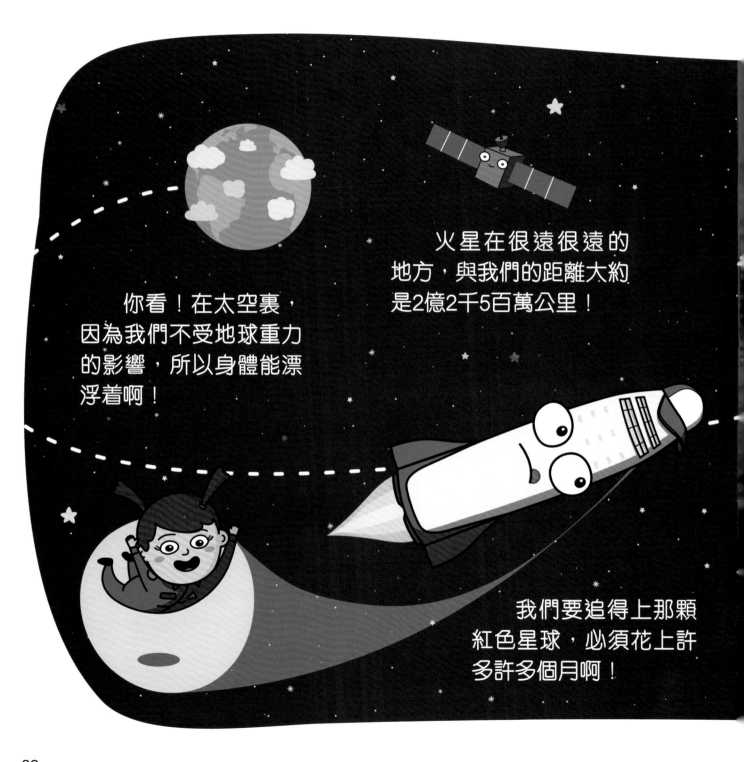

火星在很遠很遠的
地方，與我們的距離大約
是2億2千5百萬公里！

你看！在太空裏，
因為我們不受地球重力
的影響，所以身體能漂
浮着啊！

我們要追得上那顆
紅色星球，必須花上許
多許多個月啊！

我們着陸火星啦！
謝謝，火箭小子，全靠有你啊！
現在我們已是太空專家啦，我要出發探索這個紅色星球了！

各位小天才，再見！

STEAM小天才
發射！邁向火星之旅　天文學入門班

作　　者：卡洛斯‧帕索斯（Carlos Pazos）
翻　　譯：袁仲實
責任編輯：黃楚雨
美術設計：蔡學彰
出　　版：新雅文化事業有限 公司
　　　　　香港英皇道499號北角工業大廈18樓
　　　　　電話：(852) 2138 7998
　　　　　傳真：(852) 2597 4003
　　　　　網址：http://www.sunya.com.hk
　　　　　電郵：marketing@sunya.com.hk
發　　行：香港聯合書刊物流有限公司
　　　　　香港荃灣德士古道220-248號荃灣工業中心16樓
　　　　　電話：(852) 2150 2100
　　　　　傳真：(852) 2407 3062
　　　　　電郵：info@suplogistics.com.hk
印　　刷：中華商務彩色印刷有限公司
　　　　　香港新界大埔汀麗路 36 號
版　　次：二〇二一年四月初版